U0927681

人生总会有办法！

68只美猫喵出幸福人生

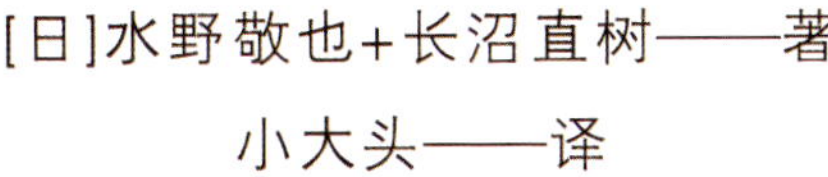

[日]水野敬也+长沼直树——著

小大头——译

中国出版集团 现代出版社

迷失自我的时候，就跟猫走吧。
因为猫不会迷路。

——查尔斯·门罗·舒尔茨

前 言

早在五千多年前，猫已是人类的重要伙伴。它不仅可以抓老鼠来保护我们的粮食，还可以治愈我们的心灵并带来快乐，同时也是一种带给我们意想不到的惊喜的存在。然而，此书中出现的68只猫咪，也像真实的猫咪一样治愈我们，教会我们什么是人生中最宝贵的东西。

只要有个可以睡觉的地方就够了

You' ll be alright if you have a place to sleep.

◀表 面

就让猫咪来教我们“宝贵的东西”吧

里 面▶

想了解猫咪是如何教我们“宝贵的东西”的吗？那就请看里面的内容吧！里面有关于“宝贵的东西”的一些名人的小插曲，还有名言哦！

67	“只要有个可以睡觉的地方就够了”

[华特·迪士尼] 迪士尼创始人，1901 1966

现在被世人所熟知的演艺娱乐事业的代表——迪士尼公司，它的发展其实并不是一帆风顺的。在1941年，迪士尼工作室发生了大规模的罢工事件，工作室也因此而被迫停止运营。就在那时，华特对全公司的员工们这样说道：“在这20年里，我曾两度倾家荡产。第一次是在来到好莱坞之前的1923年，当时的我身无分文，3天没有吃任何东西，而且只能用一张破毯子包裹身体睡在脏兮兮的工作室里。第二次是在1928年，我和我的哥哥罗伊为了公司的发展把所有家当都抵押了出去，虽然并不是什么很大的金额，可是对于当时的我们来说这已经是全部了。”华特真情实意地去和员工们交流，最终成功地解决了这次罢工事件。

在成就事业的道路上，我们必定会遇到一些艰苦的经历。但是，只要我们有“梦想”和“一个可以睡觉的地方”，最终必定会战胜这些困难。

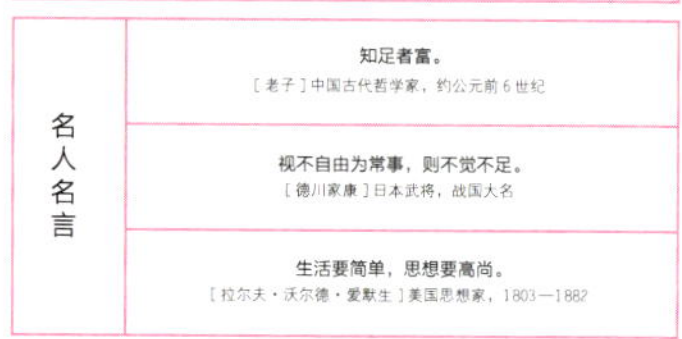

名人名言

知足者富。
[老子]中国古代哲学家，约公元前6世纪

视不自由为常事，则不觉不足。
[德川家康]日本武将，战国大名

生活要简单，思想要高尚。
[拉尔夫·沃尔德·爱默生]美国思想家，1803—1882

当然，此书可以作为一般的书籍来阅读，但要注意所有页面都是可以撕开的哦。

可以把你喜欢的页面撕下来贴到你的本本里，也可以送给你的亲朋好友哦。

送给家人或朋友，

贴在离你的视线不远的地方，

作为一个对下属的忠告，

贴在大家都可以看到的地方，

无论在何时何地，这本书里出现的猫咪们一直都会陪伴在你的身边，

给我们的人生增添色彩和治愈心灵哦。

目 录

68 只猫咪被分为 7 大类型，来告诉我们属于各种类型的“宝贵的东西”。在里面的开头部分有注明的数字，你可以从最初的“开始”部分阅读，也可以直接进入你喜欢的类型页，阅读方式很自由哦。

START

开始

有缺点才迷人

A little clumsiness can be charming

01 有缺点才迷人

[玛丽莲 · 梦露] 美国女演员，1926—1962

玛丽莲 · 梦露凭借着烈焰红唇和嘴边的黑痣作为其独特的个性，在 1953 年伴随着《飞瀑怒潮》的上映，成为了家喻户晓的明星。梦露在这部电影中，表现出扭腰摆臀婀娜前行——“梦露步态”，实际上这是梦露自身的主意。她把高跟鞋的右脚鞋跟切掉使其比左脚鞋跟短 6 毫米，用臀部和腰部来支撑身体平衡，所以走路时身体就会产生一种迷人的扭动。

人不求完美，把缺点视为自己独一无二的魅力吧。

名人名言

完美并不代表一定会人见人爱。

[弗朗索瓦 · 德 · 拉罗什福科] 法国贵族，1613—1680

有时候缺点也是另一种美，不见得一定要改正。

[约瑟夫 · 儒贝尔] 法国著名诗人，1754—1824

水至清则无鱼。

[班固] 东汉外交家，32—102

忘我地投入吧

Get completely into it.

02

忘我地投入吧

[**可可・香奈儿**] 法国时装设计师，1883—1971

香水最早被发明出来的时候，其原料是用花提炼成的。但随着时间的流逝，这种香水会出现变味，导致一闻就能知道是哪种花类，少了些许的惊喜。正是香奈儿——掀起一场香水革命的人，她决定要制作出一种让所有女人心跳加速的，谜一般的香水，那就是香味持久、无法辨别其原料的香水。于是，香奈儿和调香师们一同进入实验室，经过不断尝试新的组合配方，调整混合物配比，一步一步地终于接近了她所期待的香水效果。最终，以多达 80 种原料调和出的充满神秘感且魅力无穷的“香奈儿 5 号”诞生了。

怀着强大的信念去追求目标，一定能为世界带来崭新的潮流。

名人名言

所有伟大成功的背后，都有忘我的投入和不断的追求。

[拉尔夫・沃尔多・爱默生] 美国思想家，1803—1882

尽管忘我地投入吧！你的努力必定会让你看到未来的曙光。

[拉塞尔・赫尔曼・康维尔] 美国牧师，1843—1925

对事物充满热情的人在不知不觉中吸引着他人，如吸铁石一般。

[阿丁顿・布鲁斯] 美国作家，1874—1959

一日一笑

Laugh at least once a day.

03 一日一笑

[托马斯·阿尔瓦·爱迪生] 美国企业家、发明家，1847—1931

我认为，没有人能像爱迪生那样重视笑容了。当他耳朵鼓膜破裂，导致听不清声音时却笑着说：“多亏耳聋了，不会被杂音吵到，终于可以集中精力了。”有一天晚上，他的工厂遭受火灾的袭击而被烧毁时，爱迪生却把熊熊大火当作是一场美不胜收的夜景，甚至想打电话邀请父亲一同共赏这份美景。更不可思议的是，当爱迪生察觉到因为那一夜间的大火，造成灭火行动困难重重时，想出了发明消防用强力探照灯的想法。爱迪生的各项发明，或许正是来自困境中从不曾忘记的笑容吧。

在我们的日常生活当中，当然也避免不了一些不愉快的事情。但正因为那样，才不能忘记微笑。

名人名言

最严重的虚掷光阴，就是过着没有开怀大笑的日子。

[尚福尔] 法国剧作家，1740—1794

没有笑容的人生，如同一张白纸。

[威廉·梅克比斯·萨克雷] 英国小说家，1811—1863

正是因为人生充满了艰辛，人类才发明了笑容。

[弗里德里希·尼采] 德国哲学家，1844—1900

机会不会主动送上门

The opportunity won’t come unless you ask for it.

04 机会不会主动送上门

[玛丽亚 · 凯莉] 美国歌手，1970—

作为歌手、唱片制作人、词曲作家的玛丽亚 · 凯莉告诉我们一个故事。她外出时总会携带着录音带，直到在偶然出席的一次派对上，有幸交给了索尼唱片公司的董事长托米 · 莫托拉。莫托拉在回家的车里听了这个录音带后大吃一惊，急忙掉头回到原地，并立刻签下了她，玛丽亚从此成为了索尼旗下的歌手。

从这段小故事我们能知道，像玛丽亚这样有着惊人天赋的歌手，并不是坐等机会降临，而是主动去寻找并抓住机会的。我们每一个人应该做好任何时候都可以展现自己才华的准备。

名人名言

自信的人无时无刻不在散发着别样的魅力。

[拉尔夫 · 沃尔多 · 爱默生] 美国思想家，1803—1882

人生不应该只等着饭来张口。

[查尔斯 · M. 舒尔茨] 美国漫画家，1922—2000

既然总有人会成功，那么那个人为什么不能是自己呢?

[卡尔 · 刘易斯] 美国田径运动员，1961—

喜怒不形于色

Doesn’t your face say it all?

05

喜怒不形于色

[胜海舟] 日本武士、政治家，1823—1899

这是关于胜海舟进了一家叫“青柳”的饭馆时的真实故事。他往饭馆里扫了一眼，看见了老板娘又是打扫、又是上菜的很是忙乎，便说了一句：“看来你家店里生意不错啊。”于是，老板娘回答说：“没有没有，店里缺钱，主人还在为凑钱而东奔西走呢。”她说，“要掌握人的‘呼吸’并不容易，绝对不能让大家看到我们痛苦的那一面。”听了老板娘的这番话后，胜海舟悟到，包括外交的任何东西都在这种“呼吸”的掌握之中，便说了句：“今天让我上了宝贵的一课！”之后，便奉上手里的 30 两钱，交给了老板娘。

在你遇到困难的时候，不要吐露出你的忧伤，反而更要提起精神，这才是召唤幸运的秘诀。

名人名言

即使不言不语，有时候声音和话语也会写在脸上。

[奥维德] 古罗马诗人，(公元前 43—公元 18)

相由心生。即便是胸无点墨的人也懂得察言观色。

[托马斯 · 布朗] 英国作家、医师，1605—1682

乐观向上的态度，应该作为人生在世的基本法德。

[福泽谕吉] 日本庆应义塾大学创立者，1835—1901

积极分享你的梦想，
你将会得到更多

A Shared dream means even more.

06 积极分享你的梦想，你将会得到更多

[华冈青洲] 日本江户时代外科医师，1760—1835

华冈青洲，是世界上首位使用全身麻醉手术成功的外科医师。但是，麻醉药的研发成果并不只属于他一个人。他的母亲於继和妻子加惠作为麻醉药的受试者，其妻子因药物的副作用导致双目失明。之后，听闻其事情原委的亲戚们以及 10 多名志愿者纷纷为了药物的研发而献身，终于成功研制出全身麻醉的药物，并成功挽救了 143 名乳腺癌患者的生命。

梦想不是独自去完成的，和大家一起并肩作战，才能做出更伟大的业绩。

名人名言	
	一个人的追求不过是场梦，和大家分享的梦却能成为现实。 [爱德华多·加莱亚诺] 乌拉圭记者，1940—2015
	才华能赢得一场比赛，但团队合作和智慧才能够赢得最后的冠军。 [迈克尔·乔丹] 美国篮球运动员，1963—
	没有什么比大家相拥而泣更快乐的事情。 [让-雅克·卢梭] 法国思想家，1712—1778

不要因为一时的懒惰，
耽误了你的一生

Slack off even once and it becomes a habit.

07 不要因为一时的懒惰，耽误了你的一生

[孟子] 中国古代儒学家，(公元前 370—前 289)

因主张“性善说”而广为人知的儒学代表人孟子，有着一位教子有方的母亲。有一天，孟子因不爱读书而逃学，回到家里被母亲问道：“学问进行到什么程度了？”孟子内疚地答道：“和以前一样。”母亲听完立刻停下手中的活，撕断了已织好的布。孟子看到此景很是惊讶，于是母亲说：“你学到半途回来，如同我刚刚撕掉织物一个道理，明白了吗？”孟子深思母亲的这番话，从那以后，开始了不分昼夜的勤奋学习。

人一旦输给一时的懒惰，就会失去日积月累的动力。我们要时刻带着紧张感去奋斗。

名人名言

铁不用就会生锈，人变懒惰就会失去活力，慢慢枯萎。

[莱昂纳多・达・芬奇] 意大利艺术家，1452—1519

怠慢虽看起来有魅力，给予满足感的却是劳动。

[安妮・弗兰克]《安妮日记》作者，1929—1945

取道于“等一等”之路，走进去的只能是“永不”之室。

[塞万提斯・萨维德拉] 西班牙作家，1547—1616

英雄就在幕后

In places unseen, a hero is there.

08 英雄就在幕后

[**道格拉斯·普瑞舍**] 美国分子生物学家，1951—

20世纪 80 年代后期，道格拉斯·普瑞舍获得了美国癌症协会捐助的研究经费，试图克隆出可以使水母发光的绿色荧光蛋白。三年后，普瑞舍在这个项目中取得成功，并把他的发现与马丁·查菲以及每个曾与他沟通的科学家分享。然而，当普瑞舍想继续深入研究时，已花光了研究经费，导致他难以实现绿色荧光蛋白在其他物种的重组研究，也让他面临了失业。2008 年 10 月，因为在绿色荧光蛋白方面的杰出贡献，查菲、下村修、钱永健被授予诺贝尔化学奖，普瑞舍却没能被列入诺贝尔奖获得者名单。当时作为一名大巴司机的普瑞舍，是这样谈到这个话题的："我真的为他们感到高兴，也很庆幸当初把研究成果分享给查菲，因为那个时候我知道我快成功了，可惜我的经费用完了。"

和普瑞舍一样的英雄们，往往在光明的背后默默支持着我们的世界。

名人名言

真正的价值并非来自野心和义务，而是对人的爱与奉献。

[阿尔伯特·爱因斯坦] 德国物理学家，1879—1955

成为无名英雄是光荣的，要保持一颗为人着想的心。

[前岛密] 日本官员、政治家，1835—1919

即使天空被乌云笼罩着，背后的太阳依然喷射光焰。

[亨利·朗费罗] 美国诗人，1807—1882

WORK

工作

机会藏在缝隙里

Opportunity in a small space.

09 机会藏在缝隙里

[井深大] 日本索尼公司创始人，1908—1997

第二次世界大战结束后的 1946 年，索尼公司创始人井深大在公司前身“东京通信工业株式会社”的成立仪式上，向仅有的 20 多名员工发表了这样一番话：“如果我们做大公司的马屁虫，就会永远赢不了的。但是，我们有发展技术的空间。我们要做大公司办不到的事情，用最新技术来复兴祖国。”而索尼也正如这段话所言，研发出革新性技术，迅速成长为技术型大企业。其中索尼风靡全球的商品之一的 Walkman（随身听），就是来自当时的名誉会长井深大的构想。虽然大多数人表示并不看好这种无录音功能的播放器，但井深大却早早看透了市场潜在的需求。

无论在任何领域，必有一些无人触及的缝隙，而宝藏就在这个缝隙里。

名人名言

万事开头难。

[马库斯・图留斯・西塞罗] 古罗马政治家，（公元前 106—前 43）

创新思想只属于少数派，当它变成大众化就不再称为创新。

[汤川秀树] 日本物理学家，1907—1981

（当问及“您现在最害怕的对手是谁？”时）
窝在某一间仓库里研发新事物的家伙。

[比尔・盖茨] 微软创始人，1955—

成为“可靠”的人

Make it a habit to say. “I will take care of it.”

10 成为“可靠”的人

[凯文·科斯特纳] 美国演员，1955—

歌手惠特尼·休斯顿曾被邀请出演电影《保镖》的女主角时，因怕演戏失败而感到苦恼。因为这可能会导致她的歌迷们从此对她失望，再加上自己从未有过演戏经验，她花了将近两年的时间考虑要不要接受出演。而在当时，有一位在惠特尼身边支持她的演员，就是电影《保镖》里的男主角凯文·科斯特纳。他对惠特尼说："这个角色非你莫属。别担心，我会随时帮助你。"然而在惠特尼犹豫是否要去学习演戏时，他也鼓励道："保持原来的你就好。告诉你一个不紧张的方法，那就是说台词时手里拿着刷子或杯子说。我会在旁边引导你的。"最后，惠特尼在凯文的帮助下试镜成功，拿到角色，也让《保镖》这部电影成为了一部经典之作。

人往往会去追随那些拥有自信而可靠的人。

名人名言

伟人的价值在于他的责任。

[温斯顿·丘吉尔] 英国政治家、作家，1874—1965

要想发挥上司的权威，为下属解决工作上的困难是再好不过的方法。

[奥诺雷·德·巴尔扎克] 法国小说家，1799—1850

领导者，就是"给予希望的"人。

[拿破仑·波拿巴] 法国军事家、政治家，1769—1821

不要逃避现实

Don’t look away from reality.

11

不要逃避现实

[安迪 · 葛洛夫] 美国企业家，1936—

早在 20 世纪 70 年代，半导体制造公司英特尔垄断了全球记忆体晶片市场，然而，之后却陆续有竞争企业加入。其中，日本企业在 80 年代前半期推出了比英特尔品质更优秀的记忆体晶片，从此推翻了整个记忆体晶片市场的席位。于是，安迪 · 葛洛夫请教当时的英特尔创始人高登 · 摩尔："如果我们辞职不干，让新的 CEO 来接管公司的话，您觉得他会如何应对？"高登回答说："我想他会放弃记忆体晶片市场。"安迪接着问："那不妨我们一起辞职，永远不再回这条路，一起去做那位新 CEO 会做的事吧！"从此，英特尔正式退出了记忆体晶片市场，把目光投入微处理器市场，重振企业景气。

我们要面对残酷的现实，正因为那样，我们才能看清自己应做的事情。

名人名言

我希望自己是一个能够彻底认清现实的理想主义者。

[罗伯特 · 弗朗西斯 · 肯尼迪] 美国政治家，1925—1968

真正的强大，是能够直视真实的自己。

[冈本太郎] 日本艺术家，1911—1996

要想克服不幸的结果，第一步要做的就是认清并接受现实。

[威廉 · 詹姆斯] 美国心理学家，1842—1910

做一个“耳听八方”的人

I’m all “ears”.

Note: “Ears” in Japanese mean bread crust.

12 做一个“耳听八方”的人

[樋口广太郎] 日本朝日啤酒公司前社长，1926—2012

樋口广太郎就任社长时，朝日啤酒的市场占有率一直是万年不变的第三位，也一度被大家称为“夕阳啤酒”。为了找出原因，樋口亲自登门拜访其竞争对手的麒麟啤酒和札幌啤酒的会长，低头向他们请教问题到底出自哪里。另外，他将消费者的投诉建议当作宝贵的情报，四处走访各大酒馆，亲自倾听百姓的抱怨及期望。因此，“彻底听取百姓的意见”的行为，使朝日啤酒公司的业绩蒸蒸日上，也造就了热卖商品“Super Dry（超干啤）”的诞生。

樋口说，正因为自己是个对啤酒行业毫无概念的人，才能使得改革圆满成功。不拘泥于自己的想法，善于听取他人的意见与建议，才能收获成功。

名人名言

我们有两只耳朵，但只有一张嘴，所以应该多听少说。

[芝诺] 古希腊哲学家，约公元前 490—前 425

对你最持有意见的人，就是你最需要学习的对象。

[比尔 · 盖茨] 微软创始人，1955—

智者善听，愚者善言。

[所罗门] 古代以色列王国国王，公元前 1000—前 930

把收获当成一种幸运

Just think “Lucky if I catch it” .

13 把收获当成一种幸运

[安东·巴甫洛维奇·契诃夫] 俄国短篇小说家，1860—1904

以代表作《海鸥》所知名的俄国小说家安东·巴甫洛维奇·契诃夫，19 岁时在莫斯科大学就读医学专业。家庭贫困的他为了赚点生活费，开始向大众型杂志投稿短篇小说。当时，他陆续投了一些妙趣横生的短故事以赚取稿费来贴补家用。然而，即使他后来成了一名医生，也没有放弃这份兼职工作。就在这时，他收到了来自俄罗斯著名作家格利果洛维奇的一封信。信中是这样说的："你有着一种非凡的天赋，我们不想浪费你的才华。"因此，他正式踏入了写作行业。

要想挑战一件事，不妨先试着以无意的态度来迎接它吧。或许你会发现更诱人的机会在等着你。

名人名言

明智者创造的机会比他发现的要多。

[弗朗西斯·培根] 英国哲学家，1561—1626

行动不一定带来幸福，不行动就肯定没有幸福。

[本杰明·迪斯雷利] 英国政治家，1804—1881

凡事只想完全达成结果的人，无法下任何决心。

[亨利·弗雷德里克·阿米尔] 瑞士哲学家，1821—1881

别害怕求助他人

No embarrassment in depending on others.

14 别害怕求助他人

[**卡尔·海因里希·马克思**] 德国思想家、经济学家，1818—1883

马克思在伦敦撰写《资本论》第一卷时，他的朋友兼同事恩格斯身在曼彻斯特。之所以如此，是为了帮助儿女多、家里经济贫困的马克思赚取点生活费。当马克思写完《资本论》第一卷之后，恩格斯给他写了一封信：“你过得好吗？在信中附上 7 张 2 英镑纸币，我会陆续寄钱给你的，一直到 35 英镑为止。”马克思对此并没有感到内疚，而作为对恩格斯的回报，更加努力地工作。很不幸，马克思在《资本论》完成前去世了。恩格斯继承了马克思的遗愿，将马克思遗留下的大量手稿、遗著整理出版。

尽自己所能后，当你无力去做时，勇敢地求助他人之力吧。这样才能最终成就更多人的期望。

名人名言

悟到求助他人比自求解脱更能收获成果的人，是了不起的。

[安德鲁·卡内基] 美国企业家，1835—1919

除了善用自己的头脑之外，也要尽可能地去借助他人的头脑。

[伍德罗·威尔逊] 美国第 28 任总统，1856—1924

关键时刻能救你一命的，不是因为有朋友的帮助，
而是因为有愿意帮助的朋友。

[伊比科斯] 古希腊哲学家，公元前 341—前 270

先下手为胜

Victory goes to the swiftest.

15

先下手为胜

[杰夫·贝佐斯] 亚马逊公司创始人，1964—

1994年，杰夫·贝佐斯创办了网上书店Amazon.com（亚马逊网）。最初，订购是通过电子邮件下订单，由仅有的四名工作人员和一台电脑处理订单，并由贝佐斯亲自包装来完成的。在事业发展过程中，贝佐斯看到了即将到来的“网络购物的大众化”，随之想到了“一键下单”的功能。于是，1999年他取得“一键下单”专利。这个在如今看来司空见惯的技术，在网络尚未普及的当时却一鼓作气地将亚马逊推上了购物网的浪头。并且，该项专利至今仍广受大家的好评，甚至已被苹果公司的iTunes store所采用。

成功没有神奇妙方，关键是要抢在别人前面。

名人名言

先发制人。

[司马迁] 中国西汉历史学家，约公元前145—前87

速度在企业管理中至关重要。

[比尔·盖茨] 微软创始人，1955—

开头一棒决定半个胜负。

[奥利弗·歌德史密斯] 英国剧作家，1730—1774

别害怕有摩擦

Don’t fear conflict.

16	别害怕有摩擦

[史蒂夫·保罗·乔布斯] 苹果公司创始人，1955—2011

苹果公司创始人史蒂夫·保罗·乔布斯，是一位善于雄辩的人。有一天，他设法说服面露难色的工程师，要求他把尚在研发中的麦金塔电脑的开机时间缩短。“如果开机时间缩短 10 秒就可以救人一命的话，你肯做吗？”乔布斯向工程师提问，并接着说，“如果世界上有 500 万人在使用麦金塔电脑，那么一天可以缩短 10 秒，一年就可以缩短 3 亿分钟。也就是说，在这一年省下来的时间相当于 100 多个人的人生。”工程师受到这段话的鼓舞，最终成功地把开机时间缩短了共 28 秒。

想要创造出一个好的结果，就不要害怕和别人产生摩擦。

名人名言

能够吐出真心话来是件好事，也是人类进步的证据。

[莫罕达斯·甘地] 印度民族领袖，1869—1948

对立？好。反对？没问题。这些都是自然真理。
矛盾才是深奥与妙趣之所在。

[松下幸之助] 日本松下电器创始人，1894—1989

当双方在业务问题上想法一致，
那么其中一个也就没有必要继续待下去了。

[威廉·瑞格理] 美国企业家，1861—1932

善于辨别真伪

Know the difference between what is real and what is fake.

17

善于辨别真伪

[迪夫·托马斯] 文迪汉堡创始人，1932—2002

这是迪夫·托马斯还在印第安纳州的餐馆当主厨时的故事。有一天餐馆门外停了一辆大巴，随后有一位老先生下了车，并向托马斯提出小小的请求："我有一个超级美味鸡肉的秘方，如果不介意的话可不可以借一下厨房？"没错，这位老先生正是肯德基创始人——哈兰·山德士。当时有很多人都拒绝了这位不相识的老爷爷，但托马斯却爽快地答应了。他品尝料理后感动不已，说："真是让人禁不住想舔手指的美味！"，便就地把他推荐给上司。结果，上司在山德士即将破产前收购了他的连锁餐厅，而托马斯也为肯德基引进了至今仍在使用的红白色全家桶容器。肯德基之所以能重振旗鼓，这里有托马斯的功劳，而托马斯也因此大赚了 100 万美元。多年后，他利用这笔资金创立了自己的品牌"文迪汉堡"。

有时候善于辨别真伪，能为自己的人生带来意想不到的转机。

名人名言

人们往往会嘲讽英雄，相反却赞赏狗熊。

[伊索]古希腊寓言家，公元前 620—前 560

宝石埋在泥土里也会发光，沙子飘在天空中也无用。

[萨迪]伊朗诗人，1208—1291

想要活出精彩，就要真人待事。

[松下幸之助]日本松下电器创始人，1894—1989

大胆地去模仿吧！

Steal others' moves.

18

大胆地去模仿吧！

[达斯丁 · 霍夫曼] 美国演员，1937—

好莱坞明星达斯丁 · 霍夫曼在奥斯卡颁奖典礼上发表了这样一段感言："亨弗莱 · 鲍嘉是我的超级偶像，因为崇拜他，开始了想当演员的梦，紧接着不管是抽烟的手势还是帽子的戴法，我的任何一个动作都是他的做法。也可以说，就是因为一直在模仿他，才能成为了现在的达斯丁 · 霍夫曼。"

也许有人会觉得独创性才是上天赐予的特殊才能，但我认为，通过学习和吸收杰出前辈的技巧才能孕育出独一无二的自己。

名人名言

一心想着与众不同的人，往往什么大事也做不成。

[萨尔瓦多 · 达利] 西班牙画家，1904—1989

愚者学习自身经验，智者学习他人经验。

[奥托 · 冯 · 俾斯麦] 德国政治家，1815—1898

真正高明的人，就是能够借助别人的智慧，来使自己不受蒙蔽的人。

[苏格拉底] 古希腊哲学家，公元前 469—前 399

竞争是快乐的

Competition was supposed to be a lot of fun.

19 竞争是快乐的

[泰格·伍兹] 美国高尔夫球手，1975—

泰格·伍兹的父亲喜欢将高尔夫当成一种游戏来打。就比如在泰格还是少年的时候，父子俩光是推杆就可以玩上好几个钟头。他们把球放在离球洞 90 厘米远处，谁能连续轻击到最多的球，谁就是赢家。在父亲的陪伴和悉心教导下，泰格专注轻击球次数达到了 70 次。每次练习结束后，为了慰劳彼此，他们都会前往一家俱乐部，用一杯樱桃可乐和一杯酒干杯。泰格对父亲的教育很是感激："和父亲练习的最大好处，就是可以体会到高尔夫的真正乐趣。享受快乐才能突飞猛进。"

快乐竞争，才能快速成长。

名人名言

我一路上都在和强大的竞争对手作战，若是少了对手反而会不知所措。

[华特·迪士尼]迪士尼创始人，1901—1966

成功者善于研究竞争对手，不看缺点，只看优点。

[山姆·沃尔顿]沃尔玛创始人，1918—1992

颜色缺一不可

There is a role for every color.

20

颜色缺一不可

[松下幸之助] 日本松下电器创始人，1894—1989

有着“经营之神”美称的松下幸之助熟知人性。有一天，松下打算把先端产业交给他的一个酒入舌出的下属去完成时，遭到了大家强烈的反对。于是他说道：“虽然他德浅行薄，但并不代表他一无是处。人要吃得好才能干得好，不给饭吃，是不会给你干活的。”当然，公司里并不全是一意孤行的人。当他发现那些优秀得无可挑剔的人反而无法完成他的心愿时，便会毫不吝啬地给予那些看似平庸无奇的人一个机会。松下总是会和身边的人说的一句话是：“我的每一个员工都是出类拔萃的，因为他们个个都比我博学多才。”

我们每一个人，都有着别人无可取代的颜色。只要能够发挥出自身颜色的力量，就能打造出一个卓越的团队。

名人名言

每个人都有自己独特个性。

[拉尔夫·沃尔德·爱默生]美国思想家，1803—1882

我们必须要给予每一个人相应的位置与职责。

[彼得·德鲁克]美国管理学大师，1909—2005

互相了解对方的优缺点并弥补缺点，才能发展出共同的事业。

[松下幸之助]日本松下电器创始人，1894—1989

金钱不是万能的

Is money all you can see?

21	金钱不是万能的

[白濑矗] 南极探险家，1861—1946

白濑矗是首次在南极大陆留下足迹的日本人。他带着曾出演《南极物语》的雪橇犬——太郎和次郎前往南极，然而当时却被大家嘲笑道："开着一艘小渔船去南极？咱还是别闹了好吗？"加上政府提供的寥寥可数的援助金，白濑矗只好决心卖掉军服和刀等家里一些比较值钱的东西来凑钱。远近闻名的挪威探险家阿蒙森在访日期间，准备要见白濑矗时，据说，除了一件浴衣外披着的夏用大褂之外，白濑矗已没有任何体面的衣服。然而，这并没有影响他的情绪，奔赴南极的远大梦想似乎使他的人生充满了意义。

常言道："要做自己喜欢的事情。"但人类为了更好的生活，却往往用金钱来蒙蔽自己的双眼。让我们回头看一看自己的人生吧！现在的你，是否在做你真心想做的事情呢？

名人名言	
	我一直很讨厌为了存钱而存钱。金钱对我来说永远只是为了做某件事而不得不准备的东西。 [华特·迪士尼]迪士尼创始人，1901—1966
	人类的最佳伴侣不是金钱，而是人。 [亚历山大·普希金]俄国文学家、诗人，1799—1837
	金钱是好的仆人，却是不好的主人。 [弗朗西斯·培根]英国哲学家，1561—1626

奋不顾身的觉悟

The courage to embrace hardship.

22

奋不顾身的觉悟

[玛丽 · 居里] 波兰化学家、物理学家，1867—1934

要说“舍身为人”，有一位值得我们铭记的人，她就是玛丽 · 居里。在她 40 多年的研究生涯中，所受到的辐射量高达 200 希沃特，相当于人一生所受到辐射量的 6 亿倍。共花了 8 年时间来进行镭实验的她，其间曾不止一次地被镭射线灼伤皮肤，其中右手的烧伤程度尤为严重，导致她再也无法提笔写字。为了缓解伤口疼痛，她不分昼夜地用拇指摩擦其他手指。然而，即便在她成功地分离出镭元素并获得伦敦科学学会邀请参加招待会时，也因手部的疼痛而无法自行更换礼服。

很少有人能像她那样做出奋不顾身的努力，但成就一件大事，需要的是舍身为人、牺牲自己的执念。

名人名言

未经牺牲与苦劳，又怎能得知成功。

[莫罕达斯 · 甘地] 印度民族领袖，1869—1948

向命运挑战的人类，若不愿奉献所有，置身危难之中，
便无法获得同等的幸福与自由。

[亨利 · 德 · 蒙泰朗] 法国作家，1895—1972

懂得割舍，也是一种智慧。该放手时就放手，也是一种勇气。

[威廉 · 缪勒] 德国诗人，1794—1827

成为勇敢说NO的人

Be mature enough to say No!

23	成为勇敢说 NO 的人

[高杉晋作] 日本长州藩士，1839—1867

日本长州藩在战争中败给英国后，出任和平大使的重任就落在了高杉晋作的头上。在谈判会议上，英国军官库伯要求租借位于山口县南端的彦岛，高山为此怒火中烧。因为他在两年前在上海曾亲眼看到中国沦为半殖民地的惨状，而正是那张“狗和中国人禁止入内”的告示敲响了他心中的警钟，提醒了他日本未来的危机感。对此，高杉以不怕被斩杀且玉石俱焚的觉悟继续来交涉，这让库伯军官最终被迫打消了租借彦岛的念头。假如当时高杉并没有以此强硬的态度来交涉，或许我们很难看到如今近代化发展后的日本。

我们都知道，万事以“和”为贵，但是想要守住宝贵的东西，偶尔坚持勇敢说 No，也是必不可少的。

名人名言	
	从内心深处发出的一声“不”，要好过于为了取悦甚至避免麻烦而说出的一声“是”。 [莫罕达斯・甘地] 印度民族领袖，1869—1948
	恶意猖狂着人世间，起于我们没有拒绝的勇气。 [塞缪尔・斯迈尔斯] 英国政治改革家，1812—1904
	果断地拒绝也是给自己的礼物。 [F. 布特韦克] 德国哲学家，1766—1828

道歉要发自内心

Apologies should come from the bottom of your heart.

24

道歉要发自内心

[亚伯拉罕·林肯] 美国第16任总统，1809—1865

这是林肯20岁时的一个故事。有一天他打工结束后，便习惯性地清点当日的营业额，结果发现多出来了3分钱。他边对照账本上的数字，边依序回想当日顾客的容貌，最终想出了多付钱的那位顾客。林肯随即关好店门后，飞奔而出并且挨家挨户地确认门牌。终于，大约在一个小时后找到了那位顾客的家。“我为自己的失误感到非常抱歉！”说完他将3分钱还给了顾客。为此顾客感动不已，说道：“希望你永远不要忘了这份待人之道。”——正是因为始终如一地保持了这份真诚，最终使得林肯成为了美国史上最伟大的总统。

一颗真诚的心，必定能够感动他人。

名人名言

高贵又能打动对方的表现，
出自诚意与真心的言语和行动。
[松下幸之助]日本松下电器创始人，1894—1989

知错认错的勇气，必能因祸得福。
[戴尔·卡耐基]美国现代成人教育之父，1888—1955

世上最难掌握的就是知错。承认自己的错误是解决现状的最佳捷径。
[本杰明·迪斯雷利]英国政治家，1804—1881

战友胜过亲友

Bonding through a common battle.

25	战友胜过亲友

[拉里 · 佩奇][谢尔盖 · 布林] 谷歌创始人，同为 1973—

Google 共同创始人拉里 · 佩奇和谢尔盖 · 布林是斯坦福大学的校友。他们一开始关系并不亲密，但在互联网搜索引擎方面，想到"应该有更好的寻找信息的方法"两人达成一致，并合作研发。1998 年，他们决定放弃学业，并正式创办谷歌公司。他们借住在朋友的一个车库里，废寝忘食地工作。就这样，他们开始了谷歌的征程。熟知详情的教授曾经如此评价他们："这两位学生并非比其他学生成绩更加突出，硬要说他们的特别之处，那就是他们敢于挑战。"他们之所以能够成为开路先锋，也许正是因为找到了彼此信任的作战伙伴的关系吧。

好朋友能充实彼此的私生活，但唯有共同分享强大使命的伙伴，才能让你的人生更精彩。

名人名言

工作可以结识伙伴。

[约翰 · 冯 · 歌德] 德国剧作家，1749—1832

逆境中减轻困难的，是伙伴。

[托马斯 · 富勒] 英国神学家，1608—1661

助人为乐能轻易地做好准备。团结之力能避开袭来的危险。

[巴鲁赫 · 斯宾诺莎] 荷兰哲学家，1632—1677

Adventure

冒险

再难也要去旅行

Go out of the way to see the world.

26 再难也要去旅行

[马克 · 吐温] 美国作家，1835—1910

《汤姆 · 索亚历险记》的作者马克 · 吐温在他还是自由写手的时期，了解到了有从巴黎世界博览会到地中海再到埃及的巡回旅行的存在。能够参加这种旅行的人非富即贵，身为一名平民作家的他，是根本拿不出如此庞大的费用的。但是由于他十分想参加这趟旅行，于是向报社提出“我会从世界各地发回 50 篇报道文章”的要求，最终得到了报社全额支付旅游费用的答复。他在回来后不久便将游记整理成一本书出版，结果大受好评。即使是在他晚年所著的那些小说里，我们也很容易地找到那颗依然充满活力的冒险之心，而这种感觉也正是他在旅行中磨炼出来的。

在旅途中，往往会有很多超越自己想象的精彩内容。虽然旅行前的准备十分辛苦，但不管怎样，再难我们也应该出去看看，看看那些从未见过的无与伦比的美景。

名人名言

旅行是真正伟大的知识源泉。

[本杰明 · 迪斯雷利] 英国政治家，1804—1881

我敢保证，从不旅行的人，无外乎就是搞艺术或者学术界人士，这的确是件很令人同情的事情。

[沃尔夫冈 · 莫扎特] 奥地利作曲家，1756—1791

带着目的走一场自我探求之旅。当然，最重要的还是旅程本身。

[娥苏拉 · 勒瑰恩] 美国奇幻作家，1929—

站得高，看得远

Only by stretching yourself will you see a new view.

27

站得高，看得远

[史蒂文 · 斯皮尔伯格] 美国著名导演，1946—

这是美国著名导演斯皮尔伯格大学时代的故事。他当时正在制作独立电影，一直想着要去真正的摄影棚看一看。就在那时他报名参加了环球影业举办的参观活动，活动中他偷偷地脱离团队，躲在摄影棚的角落里静静地等待参观活动结束。随后他换上西装，拿着公文包，就像是普通的电影工作者一般在场地里走动着。甚至还和其他电影人友好地聊起天来，并且发现有一间未被使用的房间之后，他还将自己的名字写在门牌上，并光明正大地使用了起来。就这样他认识了环球影业制作部的部长，还给他看了自己制作的独立电影，最终他成功地与环球影业签下了合约。

在我们下定决心采取行动之后，难免会有失败，也会有丢人的时候，可是只要我们不断努力，试着超越自己，就一定能看见一番新的景色。

名人名言

准备好你宽阔的视野，并计划好自身能力之外的目标后，
剩下的只是努力超越自己。
[威廉 · 福克纳] 美国小说家，1897—1962

心中若没有高尚的标准与规范，人类便永远也不会想要去改变自我。
[泰伦 · 爱德华兹] 美国神学家，1809—1894

人们总是把自己视野的极限当作世界的极限。
[亚瑟 · 叔本华] 德国哲学家，1788—1860

不做温室里的花朵

Come out from a protected world.

28	不做温室里的花朵

[弗洛伦斯·南丁格尔] 英国护理教育创始人，1820—1910

白衣天使南丁格尔，因为有着“要照顾那些在战场上受苦受难的人们”这样一种信念，毅然决然地抛下了所有。南丁格尔出生在一个地主家庭，但因为“如果变成了有钱人家的太太，就无法从事护理活动”，所以她拒绝了 3 次求婚。在她成名后虽然曾收到过很多演讲的邀请，但是为了将自己的护理知识更好地传授给后人，也拒绝了演讲邀请，专心写书。

虽然像南丁格尔那样执着于自己信念并不容易，但是我们应该试着摆脱安逸的现状，去追求自己内心的信念。

名人名言	
	挑战吧！人生无非就是一场冒险。 [特蕾莎修女] 印度修女，1910—1997
	安逸，是人类身边最大的敌人。 [威廉·莎士比亚] 英国剧作家，1564—1616
	能够束缚一个人的不是命运，而是他自己的内心。 [富兰克林·罗斯福] 美国第 32 任总统，1882—1945

没必要考虑太多

No need to hold back.

29

没必要考虑太多

[御木本幸吉] MIKIMOTO 创始人，1858—1954

通过养殖珍珠并将其作为品牌推向市场，成就了御木本幸吉，这也是关于他苦心养殖珍珠的故事。在他参拜伊势神宫的时候，因为满脑子都是一种想法，那就是“如何能养殖出如天然珍珠般的珍珠呢？”，结果错将一枚很重要的五十钱扔了出去。遇到这种情况大部分人应该都会放弃，但是御木本却要求警卫“把扔错的钱捡回来”，虽然警卫一开始拒绝了他，并说“不是不相信你，可是我们没有这样的先例啊！”，但是在御木本再三的交涉下，他终于拿回了自己捐错的五十钱。作为御木本来说，相对于在那种场合的丢人现眼，养殖珍珠的资金才是最重要的。当然将这钱投入到珍珠养殖中取得成功后，作为报恩，御木本也不忘向伊势神宫捐助更多的钱。

当自己明确地知道究竟什么对自己来说最重要时，就没有必要想太多了。昂首挺胸坚定自信地选择对自己最重要的那一个吧！

名人名言

“什么事最让你后悔？”
“就是一直不断地让着别人，而从来没有竖耳倾听自己真正的欲求。”
[弗里德里希・尼采] 德国哲学家，1884—1900

无论你再怎么忍让，也不会对世界造成任何影响。
为了取悦他人而委屈自己，不可能称得上美德。
[纳尔逊・曼德拉] 南非政治家，1918—2013

世界之门在为你们敞开着。尽管迈步前进吧！
就在大地如此辽阔，天空如此广阔之时。
[约翰・冯・歌德] 德国思想家、作家，1749—1832

突破自我

Be a different character from time to time.

30

突破自我

[约翰 · 塞巴斯蒂安 · 巴赫] 德国作曲家，1685—1750

因“g 弦上的咏叹调”而闻名世界的作曲家巴赫，膝下有很多孩子。正因为如此，为了增加收入他除了作曲还积极地外出打工赚取生活费。其他音乐家因为自己骄傲的自尊而挑选工作，但是巴赫却是有求必应。这其中包括城镇里的名人葬礼上所用的曲子，还有为了赞美当时的新饮品咖啡所作的广告曲“咖啡康塔塔”。这些各种各样的音乐影响了其他很多音乐家，不久巴赫便被人称作“音乐之父”。

人一旦把自己的人生角色固定，也就同时拒绝了很多可能性。尝试着突破自我，向着自己从未体验过的新事物积极地发起挑战吧。

名人名言

如若想要改变，必须要先抛弃已生锈的观念。

[亚伯拉罕 · 马斯洛] 美国心理学家，1908—1970

革新之路的钥匙就应插在弃暗投明的锁芯之上。

[彼得 · 德鲁克] 美国管理学大师，1909—2005

鸟儿即将要打破蛋壳。壳内是一个世界，若想要得见光明，就必须摧残这个世界。

[赫曼 · 赫塞] 德国文学家，1877—1962

决不妥协

A path you can’t give up.

31

决不妥协

[理查德·巴赫] 美国作家、飞行家，1936—

理查德·巴赫因为梦想着可以在天空中自由地飞翔而从中途辍学之后加入了空军。但是当他知道新人在两年之内不能驾驶飞机的时候，他便退出了部队。在那之后虽然他在航空公司当上了机长，可是这与他脑中那番自由飞翔的景象还是存在差异，所以仅仅 11 个月之后他便又辞职了。在他继续追逐自己那自由飞翔的梦想中间，他写出了以海鸥为主角的《海鸥乔纳森》这本书，正是凭借此书他一夜之间便成了知名作家。在那本书中，理查德·巴赫这样写道："丢下其他一切沉重的包袱吧，只管追求自己真正喜爱的那个事物吧。"

无论怎样也不能作出让步的时候，其实没有必要去迎合周围的环境。重要的是绝不妥协，坚定信念！

名人名言

所谓的决断，就是坚守决不迷失目标的决心。

[德怀特·艾森豪威尔]美国第 34 任总统，1890—1969

就算有 100 名专家说"你不是做这块的料"，
有时候也有他们全都看走了眼的时候。

[玛丽莲·梦露]美国女演员，1926—1962

人生路上多荆棘，生命之路亦仅此一道。
别无他途，也要迈步向前。

[武者小路实笃]日本小说家，1885—1976

大声喊出你的想法

Gotta say something... Then shout it out!.

32 大声喊出你的想法

[伽利略·伽利雷] 意大利物理学家、天文学家，1564—1642

因“地动说”而被世人所熟知的伽利略，在年轻时曾因自己的伶牙俐齿而被人们称作“吵架王”。伽利略在赴任比萨大学之后，发现那里的教授们只会照本宣科，将既成的事实原封不动地教给学生们，伽利略对此进行了强烈的反抗。最出名的便是他对于亚里士多德“物体越重，下落得越快”理论的批判，要知道这个理论在当时是没有人怀疑的。在那之后他更是因为“地动说”而被人告上宗教法庭，他写的关于“地动说”的所有书籍也全部被列为禁书。在 1632 年，伽利略的《关于托勒密和哥白尼两大世界体系对话》一书出版，但又一次遭到了宗教法庭的审判。虽然因为这次《对话》一书他被判软禁在家，但在 1638 年他又完成了《关于两门新科学的对话与数学证明对话集》一书并在荷兰出版。遗憾的是这本书也被列为了禁书。就这样伽利略用自己一生大部分时间用来与既成的理论体系作斗争。

当我们感到身处的组织或者体制有错误的时候，不应该只是在角落里小声嘀咕，而是应该鼓起勇气大声表达出自己的想法。

名人名言

别怕！尽管相信你心中那道弱弱的声音吧！

[莫罕达斯·甘地]印度民族领袖，1869—1948

唯有弱者才会后退。拥有一颗坚定的心、
为良心指导付出行动者，才能一路贯彻个人主义精神。

[托马斯·潘恩]英国政治家、哲学家，1737—1809

每一个内在的自我都包含了人类伟大的骄傲。

[华特·惠特曼]美国诗人，1819—1892

求知若饥

Be hungry.

33 求知若饥

[欧内斯特·西顿] 英国博物学家，1860—1946

《我所知道的野生动物》一书作者西顿，在学生时代便梦想着成为一个博物学家。他在英国上学的时候，听说大英博物馆里典藏着全世界所有关于博物学的书，便怀着激动的心情去了那里，但却因为未成年被拒之馆外。虽然不肯轻易放弃的西顿尝试与馆长直接谈判，得到的却是“如果有议员的许可就可以入馆”的回答。回去后的西顿马上写信给当地的议员，结果两周之后他以特别的理由被批准可以入馆。那位议员在给他的回信中写道：“愿你能够勤奋学习，不断努力。”

对于自己所追求的东西只管贪婪地追求吧，这样一路走下去，一定会找到通往成功之路的。

名人名言

真正有能力之人，永远无法满足自己。

[普劳图斯] 古罗马剧作家，公元前 254—前 184

与其做一个容易满足的愚人，不如当一个永不知足的苏格拉底。

[约翰·穆勒] 英国经济学家，1806—1873

社会一旦被一群安于现状的青年所占领，发展将会止步不前。

[托马斯·阿尔瓦·爱迪生] 美国企业家、发明家，1847—1931

井底之蛙体会不到
何谓真正的世界

The world cannot be experienced through the Internet.

34 井底之蛙体会不到何谓真正的世界

[亨利·法布尔] 法国昆虫学家，1823—1915

《昆虫记》的作者亨利·法布尔原来是一名教师。虽然生活十分忙碌，但他还是在忙碌的间隙收集各种昆虫和植物的标本。有一天他在杂志上读到关于金花虫的文章后，萌生了想要“直接”观察昆虫行动的想法。在55岁到91岁的这几十年里，在大自然中他用自己的眼睛观察了各种昆虫并著成《昆虫记》一书。他的这种行动派研究方法为后来的科学发展所推重。

真正的知识，是必须用自己的眼睛和耳朵去体会学习才能得到的。在现实世界里，试着多给自己创造这样的机会吧。

名人名言

九牛一毛的亲身体验，胜过百万人的经验。

[莱辛] 德国思想家，1729—1781

真相多半来自于首次亲身经历后的顿悟。

[约翰·穆勒] 英国经济学家，1806—1873

打开那扇门吧！外面的世界可大了。

[丰田佐吉] 日本丰田汽车公司创始人，1867—1930

苦中作乐

Dance your own dance.

35

苦中作乐

[十返舍一九] 日本江户时代作者，1765—1831

虽然十返舍一九因为《东海道徒步旅行记》这部滑稽小说而出了名，但因为他只靠写作来维持生计，所以生活过得穷困潦倒。他长期生活在长屋里，大米都是有了这顿没下顿，还将仅剩的几件家具拿去当铺换了钱。但他并没有因此而消沉下去，在自家白色墙壁上画上了花瓶，柜子，储物架，甚至是画上了通往邻居房间的出入口。凡是第一次去到他家拜访的人无一不被这逼真的画所吓到，继而便是哈哈大笑。

即使是身处艰苦的环境之中，也要学会苦中作乐，锻炼自己。

名人名言

拥有一颗无时无刻都能悠然自得的心，
才能彻底地解脱外在环境的束缚。
[罗伯特·史蒂文森]英国小说家，1850—1894

比起因智慧而生的冷漠，我更爱那股热情的傻劲儿。
[阿纳托尔·法郎士]法国诗人，1844—1924

拥有自信的动作，胜过失去自信的传统球技。
[阿诺德·帕尔默]美国高尔夫球选手，1929—

向着那未知的前方

Explore the "undiscovered" path.

36

向着那未知的前方

[弗雷德・史密斯] 联邦快递之父，1944—

联邦快递在世界 215 个国家开展经营活动，拥有运输用的飞机 600 多架，是世界上最大规模的航空货运公司。在创始人弗雷德・史密斯的脑中其实早就有创造联邦快递这个想法了。在大学《经济学》的课堂上他便提交了关于这个想法的小论文，但仅得到了教授一个“良”的评价。尽管如此，弗雷德并没有把教授的评价放在心上，他迅速地完成了整个货物的配送体系。而他在大学时代提交的小论文，现已被展示在联邦快递总公司。

对于那些新的事物，越是新颖，能够作出正确评价的人就越少。不要在意别人的评价，向着那谁都未曾到过的远方大胆前行吧。

名人名言

若想要成功，就别走前人铺好的平坦路，
而是自行开拓新的道路为好。

[约翰・洛克菲勒] 美国企业家，1839—1937

其实地上本没有路，走的人多了，也便成了路。

[鲁迅] 中国小说家，1881—1936

我们不断向前进、打破新大陆、开发新事物，仅仅因为我们有颗旺盛的好奇心。而好奇心总是能为我们指引全新的道路。

[华特・迪士尼] 迪士尼创始人，1901—1966

Relax

放松

学会放松

Just loosen up the shoulders.

37	学会放松

[阿尔伯特 · 爱因斯坦] 德国物理学家，1879—1955

在新泽西州的普林斯顿，有一个高等研究所。这是全美最有名的研究机关，爱因斯坦从 1933 年直到去世的 1955 年，一直作为这个研究所的一员进行研究活动。在这个研究所里流传着这样一个故事。就在其他研究员专心致志地进行研究活动的时候，从爱因斯坦的研究室里竟然传出了完全不在调上的小提琴的旋律。而演奏这并不优美的旋律的人正是爱因斯坦。每当研究活动遇到瓶颈的时候，爱因斯坦就会用弹奏小提琴来放松自己。

向着目标全神贯注地努力固然重要，但是偶尔放松一下也不并是个坏主意。

名人名言

持续不断的紧张感会束缚精神的翅膀。

[塞内加] 古罗马哲学家，公元前 1—公元 65

吃好、喝好、休息好，这就是世界通用的万能药。

[欧仁 · 德拉克罗瓦] 法国画家，1798—1863

忙到焦头烂额的人，请你蹲下身来看看街边的小草，再瞧瞧路上的行人。它们绝不会因此离你而去。

[伊凡 · 屠格涅夫] 俄罗斯小说家，1818—1883

有必要如此烦恼?

Worth worrying that much?

38 有必要如此烦恼？

[约翰内斯・古腾堡] 德国发明家，1395—1468

古腾堡是西方活字印刷术的发明者，但是在他出生的时代，书上的字都是一字一字手写上去的。古腾堡虽然十分期待活字印刷术的使用可以将更多的知识传递给更多的人，但同时他也很担心因为这项技术很多没有价值的书也会被印刷出来。就这样，他迟迟没有发表活字印刷术这项技术。而在多年之后，古腾堡还是决定将这项技术公开，最终活字印刷术为世界文明的发展做出了巨大的贡献，被称为文艺复兴时期最具意义的三大发明之一。

比起一直担心会发生什么，倒不如等到行动之后根据结果直接进行判断，这样反而可以产生更好的结果。

名人名言

在我有生以来的烦恼里，98% 是杞人忧天。

[马克・吐温] 美国小说家，1835—1910

当我意识到自己已花了三个小时认真思考、试图证明结论正确后，发现即便花上三年，这个结论也不会改变。

[富兰克林・罗斯福] 美国第 32 任总统，1882—1945

人世间没有所谓的绝望，只有会绝望的人类。

[海因茨・古德里安] 德国军人，1888—1954

偶尔奢侈一下

Good to splurge from time to time.

39 偶尔奢侈一下

[理查德 · 布兰森] 维珍航空创始人，1950—

了不起的企业家们基本上都拥有自己的豪宅，而布兰森购入自己的庄园是在 1971 年——那时候他仅 21 岁。这个建造于 16 世纪庄园是在布兰森随意翻看杂志的时候被发现的，为了买下这座别墅，他多次与庄园主砍价，还从自己的伯母那里借钱来完成这桩买卖。入手后，布兰德马上着手将其改造成一个豪华的录音室，并在那里为保罗 · 麦卡特尼和琳达 · 麦卡特尼夫妇、滚石乐队以及乔治男孩组合进行了录音，并且推出了一首又一首脍炙人口的金曲。

节俭与储蓄当然是十分重要的，然而如果遇到了真正很有价值的东西，偶尔奢侈一下倒也无妨。

名人名言

总有不少浪费在人世间，但这些浪费却足以成为润滑剂来酝酿情绪，直到人心平静下来。

[远藤周作] 日本小说家、随笔作家，1923—1996

你若能在浪费时间当中获得乐趣，就不是浪费时间了。

[伯特兰 · 罗素] 英国哲学家，1872—1970

奢侈并非全都昂贵，舒适本身就是一种奢侈。

[乔弗里 · 贝恩] 美国服装设计师，1927—2004

比起语言，试一试 SKINSHIP

Loving touch speaks louder than words.

40 比起语言，试一试 SKINSHIP

[本田宗一郎] 本田汽车公司创始人，1906—1991

想到什么就做什么，如此度过潇洒一生的本田宗一郎在临终之前的夜里对妻子说："背着我在病房里走一走吧。"于是妻子就背起还在输着液的本田慢慢地在房间里散步。本田留下了最后一句话"满足了"，随后便撒手人寰。作为本田的朋友，井深大（索尼公司创始人）这样怀念道："虽然本田先生给外界的印象是想到什么就做什么，可是内心却十分地依赖自己的妻子。在生命的最后一刻也想再一次得到妻子的照顾与爱，或许这正是他真正所希望的吧。"本田最后希望妻子能为自己做的就是背一背自己，这个 SKINSHIP，也正是他向妻子提出的最后的请求吧。

追求能与对方有着超越语言的肢体接触，人类正是这样一种生物。

名人名言

当你对一百个人微笑，就能融化一百颗心；
当你握住一百个人的手，就能感受一百种温度。

［特蕾莎修女］印度修女，1910—1997

希望所有的全职太太在出门前，都能给予孩子一个 8 秒钟的拥抱。

［井深大］日本索尼公司创始人，1908—1997

与他人握手时，那双手总是在无声之中向我透露了很多信息。

［海伦・凯勒］美国社会福祉运动家，1880—1968

结束的就让它
成为过去吧

Wash away what is already done.

41

结束的就让它成为过去吧

［罗伯特·布鲁斯］ 苏格兰国王，1274—1329

罗伯特·布鲁斯在位期间，六战英格兰而六败，最后一次战败之后，他的家臣们全部弃他而去，布鲁斯自己独自一人落魄到深山里叹息道:“难道我们家族的时代就到此为止了吗……”这时，他看到屋檐下有一只蜘蛛正在织网，但因为风力太大始终没有办法成功。在罗伯特观察期间，蜘蛛尝试了六次失败了六次。“难道你也和我一样不得不尝试这失败的苦痛滋味吗？”就在罗伯特这样想的时候，蜘蛛开始了第七次的尝试，而这一次它终于成功了。看到这一切的罗伯特也重新燃起了复兴王朝的热情与斗志。

如果一直生活在失败的阴影之下，那么我们将会失去再度挑战的勇气。结束的就让它成为过去，让我们勇敢地去迎接新的挑战吧。

名人名言

人世间任何悲痛，都会被时间治愈和抚平。

［西塞罗］古罗马政治家，公元前 106—前 43

优秀的记忆力固然出色，但忘却的能力更加伟大。

［阿尔伯特·哈伯德］美国教育家，1856—1915

智者忙于顾及现在与未来，而没时间计较过去。

［弗朗西斯·培根］英国哲学家，1561—1626

Habit

习惯

拒绝诱惑

Place temptations out of sight.

42

拒绝诱惑

[**威廉·史密斯·克拉克**] 美国教育家，1826—1886

克拉克博士以一句“少年啊，要胸怀大志啊！”的名言而被大家所熟知。在他担任副校长的札幌农学院里，有很多饮酒闹事的学生。克拉克想教导那群学生，却又拿不出什么好的方法。因为他也是个爱酒之人。当初他从美国到日本的时候就带来了整整 1 年份的葡萄酒。克拉克为了以身作则，在学生面前将那些酒一排一排地摆好，然后全部砸碎了。并且对学生们说：“你们也要学会自律。”就这样再也没有出现过因为喝酒而闹事的学生了。

总有一些诱惑会阻碍我们的努力，而我们要做的就是拒绝这些诱惑，把它们赶出我们的视野。

名人名言

战胜欲望永远比战胜敌人勇敢得多。
因为战胜自我才是最艰难的挑战。
[亚里士多德] 古希腊哲学家，公元前 384—前 322

对人而言，输给烦恼并非耻辱，败给快乐才是。
[布莱士·帕斯卡] 法国哲学家，1623—1662

没有什么比沉溺于享乐的人生更加无聊。
[约翰·洛克菲勒] 美国资本家，1839—1937

停止浪费吧

Let’s stop being wasteful.

43

停止浪费吧

[约翰·洛克菲勒] 美国资本家，1839—1937

约翰·洛克菲勒因为石油事业而大发利市，但是他却经常在便宜的小餐馆用餐。菜单从来都是一成不变，吃完后他会支付35美分的餐费和给服务生的15美分小费。但是有一天，那个服务生在找零的时候算错了金额，洛克菲勒当即指出了他的错误并且从小费中扣除了10美分。服务生见此说道："如果我是你这样的有钱人，我一定不会吝啬到连10美分也不愿意给。"而洛克菲勒却这样回答道："如果你真的认为10美分也很重要，你就一定不会弄错找零的数目，也一定会拿到比现在更高的薪水。"

重视金钱，珍爱事物——这在任何时代都是走向成功的重要因素。

名人名言

小心你那些微不足道的支出！
漏水的小洞足以能使巨船沉没于海底。
[本杰明·富兰克林]美国政治家，1706—1790

浪费成就不了富人，但节约至少可以摆脱贫穷。
[塞缪尔·詹森]英国文学家，1709—1784

顾小利，则大利之残也。
[韩非]中国古代思想家，公元前280—前233

战胜弱点的快感

The joy of conquering fear.

44

战胜弱点的快感

[威廉 · 格莱斯顿] 英国政治家，1809—1898

数学对于格莱斯顿来说一直是一个弱项，在学生时代他曾经给父亲写过这样一封信："如果可以，我想要去一个没有数学的大学。"格莱斯顿的父亲是个富商，同时也是下院议员，虽然他凭借着自己的地位满足了儿子的要求，可是他也这样对儿子说道："虽然你十分讨厌数学，可是尽全力去挑战自己不喜欢的学科，也是一种别样的乐趣。征服了自己不擅长的东西之后，也许在将来的某一天在你遇到更大的困难的时候，这会成为你战胜困难的重要的修炼。"格莱斯顿到 85 岁退出政坛为止曾经 4 度担任首相，当他回忆过去的时候曾说："如果当时没有父亲的那番话，那么也就不会有现在的自己。"

虽然加强自己的长处固然重要，可是我们也应该体验那战胜弱点所带来的快感。那将会使你变得更加强大。

名人名言

人类最伟大的力量，就是克服自身最不堪的弱点。

[大卫 · 莱特曼] 美国喜剧演员，1947—

每当成功跨越困境，我都会感到特别幸福。

[贝多芬] 德国作曲家，1770—1827

每当我被迫正视自身弱点，我都会设法将它转化为一种强大的动力。

[迈克尔 · 乔丹] 美国篮球选手，1963—

客观理性地分析自己

Looking objectively at one’s self.

45

客观理性地分析自己

[霍华德·舒尔茨] 星巴克创始人，1953—

2008 年，星巴克 CEO 霍华德·舒尔茨对公司进行了一次深入直观地分析，他发现星巴克正在慢慢失去“戏剧性的浪漫”——星巴克专属的特点。为了杜绝这种现状，他觉得应该找回初心，所以在某个星期二的下午星巴克 7100 间店铺全部临时关门——因为这一举动星巴克损失了近 600 万美金的收益——开设课程让 13.5 万名咖啡师学习如何调制浓缩咖啡。这一举动的结果就是，从 2008 年到 2011 年间星巴克股价的上涨率为 400%。

客观理性地分析自己也是需要勇气的，但正是这来之不易的勇气会引领我们走向新的成功。

名人名言

人生中大多数不幸，都是源自于对自己下了错误的指引。

[司汤达] 法国作家，1783—1842

有一种人，全世界都认识他，只有他不认识自己。

[拉封丹] 法国诗人，1621—1695

镜子是自鸣得意的酿造机，同时也是自我吹嘘的消毒器。

[夏目簌石] 日本小说家，英美文学专家，1867—1916

最重要的是事先练习

Unable to perform beyond what you’ve practiced.

46

最重要的是事先练习

[富兰克林·罗斯福] 美国第 32 任总统，1882—1945

被称为演讲天才的罗斯福，在接到某报社记者的演讲邀请时这样说过："如果是明天的演讲，从现在起还有 20 个小时，我能准备一个 15 分钟的演讲。"记者听后觉得无法理解："区区 15 分钟的演讲要用 20 个小时来准备吗？"其实，对于罗斯福来说，一张稿纸的演说内容需要一个小时来作准备是基本。一张稿纸可以演讲个一分钟，再加上需要 5 个小时的睡眠时间，合计需要 20 个小时也就不足为奇了。并且为了这 15 分钟的演讲，他拒绝了其他所有会面邀请专心写稿，最终他的演讲还是一如既往地带给了人们无限感动。

天才指的并不是拥有多么优秀的才能。能够做好完全的事先准备，最终将练习的成果完美地展示在大家面前，这才是真正意义上的天才。

名人名言

每件事情都有备而来，这就是成功的秘诀。

[亨利·福特] 美国福特汽车创始人，1863—1947

偶然这东西，是不会对毫无准备的人伸出援手的。

[路易·巴斯德] 法国化学家，1822—1895

一日不练习，自己听得出；两日不练习，评委听得出；
三日不练习，大众听得出。

[阿尔费雷德·柯尔托] 法国钢琴家，1877—1962

处处充满了[！]

Surprises are everywhere.

47

处处充满了[!]

[毕达哥拉斯] 古希腊数学家、哲学家，公元前 582—前 496

因为“勾股定理”而被世人所熟知的数学家毕达哥拉斯，有一天他正走在古希腊的街上，像往常一样铁匠们依旧会敲击金属发出特有的响声，而这响声有时候让人听上去很舒服，有时候会让人觉得有些许不快。而为了弄清楚原因，毕达哥拉斯特地研究了锤子的重量，他发现当锤子的重量比率为 2:1 或者 3:1 的时候，敲击时发出的声音就会很好听，而这个特殊的比率也引起了他的注意。而这正是和音的原理。他不仅仅是个数学家，同时他的哲学理念也深深地影响了后人，而他的想法与发现却又来自于我们身边的事物。

就在你平时经常见到的事物里，也隐藏着新的发现等你去挖掘。

名人名言

惊讶是人类最顶端的部分。

[约翰・冯・歌德]德国剧作家，1749—1832

所谓发现之旅，不是要看新的美景，而是以新的视野去看世界。

[马塞尔・普鲁斯特]法国作家，1871—1922

真理之海在我眼前展现所有未知的事物。

[艾萨克・牛顿]英国自然哲学家，1642—1727

再忙也要健康检查

Don’t skip your health checks.

48

再忙也要健康检查

[德川家康] 日本武将，战国大名，1543—1616

建立了江户幕府的德川家康，据说掌握的医药知识连医生都自愧不如。据说他用自己调合的万病丹和金液丹，治好了连医生都已经放弃的德川家光。他说“猎鹰不仅可以观察农民的近况，还能够活动筋骨”，所以便经常出去猎鹰、游泳、骑马、射箭、练习剑道，且对于自己的健康十分在意。虽然年少时作为人质被带到了织田家，后来却能够在丰臣秀吉之后一统天下，也可以说是因为他对自己进行了十分严格的健康管理的缘故。

为了实现伟大的梦想与目标，没有一个健康的身体做基础是不行的。

名人名言

维持健康是义务。

[赫伯特·斯宾塞] 英国哲学家，1820—1903

身体健康，全身无债；思绪清晰，人生足矣。

[亚当·斯密] 苏格兰经济学家，1723—1790

人体犹如机械，每天都要用心照顾以便运作顺畅。
一旦发生了故障，也绝不能耽误修理最佳时间。

[托马斯·阿尔瓦·爱迪生] 美国企业家、发明家，1847—1931

能够严守时间的人是可以
信赖的人

Person who is on time is a person who can be trusted.

49 能够严守时间的人是可以信赖的人

[本杰明 · 富兰克林] 美国作家、政治家，1706—1790

在富兰克林作为某个书店店主期间，有个客人要求店员“能不能便宜一点”。如果店员告诉他们“这里不能够讨价还价”的话，客人就会要求“叫店主出来”。当富兰克林出来之后他就会被客人要求：“2 美金太贵了，便宜一点。”这时富兰克林就会对客人说：“好吧，那就卖 2 美金 50 美分。”而客人听到这里就会生气地说：“开什么玩笑！这本书本来是多少钱？”“3 美金，”富兰克林继续答道，“时间就是金钱，对你我来说，如果刚才你以 2 美金买下的话，就不会浪费我们两个的时间了。”这句话得到了客人的理解，正当他准备付 3 美金的时候，富兰克林又说道：“如果你能够理解的话，那么 2 美金就够了，”说着只收下了客人 2 美金。

所有人都知道富兰克林是个时间观念很强的人，同时他也会注意有没有浪费了别人的时间。时间对于自己，对于对方来说，都是十分重要的宝贵财产。

名人名言

严守时间是王族基本礼仪。

[路易十八世] 法国国王，1755—1824

不懂得时间价值的人，注定失败。

[沃夫纳格] 法国思想家，1715—1747

耽误宝贵的时间等于毁灭一个黄金般瞬间。

[朗费罗] 美国诗人，1807—1882

没有人可以一步登天

Can’t skip any steps.

50

没有人可以一步登天

[詹姆斯·加菲尔德] 美国第 20 任总统，1831—1881

曾为美国总统的加菲尔德在他的大学时代，有一个数学成绩非常好的同班同学。不管加菲尔德如何努力地学习，就是不能在成绩上超越他。有一天，当加菲尔德完成了所有的功课准备上床睡觉的时候，他朝那个同学的屋子看了一眼。屋子里的灯还亮着，10 分钟之后才熄灭。看到这一切的加菲尔德心想："就是这样。就是这 10 分钟！"从第二天开始，加菲尔德便每天都多学习 10 分钟，终于把自己的数学成绩提高到了全班第一。后来加菲尔德在回忆当时的情景时说道："有效利用那样的 10 分钟，所有的事情都会成功的。"

不要妄想着一步登天，试着每一天扎扎实实，脚踏实地地努力吧。

名人名言

事物都有它的替代品，除了勤勉之外。

[金斯利·沃德]加拿大企业家，1932—2014

步伐均匀沉稳的人从不嫌路途太长，
凡事耐心准备的人从不怨利益太远。

[拉布吕耶尔]法国思想家，1645—1696

努力的蠢材胜过不努力的天才。

[约翰·奥布里]英国作家，1626—1697

试着向敌人伸出援手

Lend a hand even to your enemy.

51

试着向敌人伸出援手

[比尔 · 盖茨] 微软创始人，1955—

1997 年，在史蒂夫 · 乔布斯回归苹果公司之后没多久便遇到了经营上的难题，苹果的账户金额只够整个公司再运转两星期了。而就在这时有一个人向他们伸出了援助之手。这个人就是从最初到现在为止苹果一直的竞争对手微软的创始人比尔 · 盖茨。但彼时，两家公司正因为著作权问题而打官司，而这场官司已经持续了 10 年之久，可见两家公司的关系……。即便如此，盖茨还是拿出了 1.5 亿美金，同时承诺会开发可以在 MAC 上运行的微软办公软件。当时的盖茨说过这样的话："我们公司内部的一些员工十分喜欢研究 MAC，而且我们也十分喜欢这款产品。"对于这样的盖茨，乔布斯也在电话中这样感谢道："我相信因为你的这个善举，世界的未来会变得更加美好。"

有时候向"敌人"伸出援助之手，也许会创造出另一种新的价值。

名人名言

人在报仇时与敌人同类，化解时却变得很高尚。

[弗朗西斯 · 培根] 英国哲学家，1561—1626

不懂得原谅的人，无法品尝人生崇高喜悦的滋味。

[约翰 · 卡斯帕 · 拉瓦特] 瑞士诗人、神学家，1741—1801

握紧拳头，是不能与人握手的。

[果尔达 · 梅厄] 以色列政治家，1898—1978

愈是艰苦，愈是试炼

Tough times are when one is being tested.

52

愈是艰苦，愈是试炼

[纳尔逊 · 曼德拉] 南非政治家，1918—2013

纳尔逊 · 曼德拉曾因为抗议和抵制白人种族主义者创立的“南非共和国”而在牢狱中度过了 27 年。关押他的牢房比一般白人家庭的浴室都要小，曼德拉从牢房一边墙壁到另一边只需要三步左右。但是曼德拉却认为这反而是个近距离观察白人警卫的好机会。“设法让白人警卫按照自己说的做，试着让他们对自己抱有敬意。一旦这个试验成功，那么总有一天全世界的白人也可以变得如此。”抱着如此想法的曼德拉，经过不懈的努力，终于赢得了白人警卫对自己的敬意。曼德拉从牢狱中被释放出来以后，最终成为了南非历史上第一位黑人总统。

如果身处艰苦的环境之下，不妨试着去转变想法，这也许正是一个锻炼自己的绝好机会。

名人名言

最大的敌人就是自己。

[朗费罗] 美国诗人，1807—1882

严以律人、宽以待己，所以我们总是容易上当受骗。

[马基雅弗利] 意大利外交官，1469—1527

人，在陷入绝境时才会涌现力量。若这是我充满挫折的人生，可见命运正在试图将我打造成一位大人物。

[弗里德里希 · 冯 · 席勒] 德国诗人，1759—1805

将自己的收获积极与
他人分享吧

Give as much as you have received.

53 将自己的收获积极与他人分享吧

[马克·施皮茨] 美国游泳选手，1950—

菲尔普斯在雅典奥运会上一人摘得6枚金牌，舆论对此普遍认为：“应该不会再有人可以超越这个纪录了。”但是菲尔普斯和其教练却不满足于此，同时还有一个人也觉得在菲尔普斯身上一切皆有可能。这个人便是在1972年奥运会上一人包揽7枚金牌的马克·施皮茨。施皮茨在2007年末的游泳集训基地出现的时候曾说过“菲尔普斯一定会在北京奥运会上拿到8枚金牌的”，甚至强调菲尔普斯“一定会打破纪录”。最终在施皮茨的支持与鼓励之下，菲尔普斯在北京奥运会上创纪录地一人囊括了8枚金牌。

施皮茨也是在当时很多人的支持与鼓励才留下了7枚金牌的伟大纪录。因此，我们不能忘记人类只有相互支持鼓励才能不断地进步发展。

名人名言

不是因为同情别人，而要当作回馈大众的心态为民服务。

[本杰明·富兰克林] 美国政治家，1706—1790

灌溉我的并不是我的收获，而是我的给予。

[圣埃克苏佩里] 法国作家，1900—1944

人类在共同使用着一个葡萄园，一起栽培、一起收获，这就是人生。

[罗曼·罗兰] 法国作家，1866—1944

Communication

交流

第一印象是决定胜负的关键

It’s all about the first impression.

54 第一印象是决定胜负的关键

[马丁・路德] 德国神学家，1483—1546

马丁・路德作为宗教改革的发起者，他的信仰和思想影响了很多人。他说，如果想要成为受万人尊敬的说教者，必须具备以下 6 个条件：1. 发音准确；2. 善于辩论；3. 知识渊博；4. 不在乎金钱并且积极施舍；5. 说大家想听的话；6. 好的印象。看到你每天的认真祷告及研究这种修道生活，他领悟到了为了说服他人，其实“第一印象很重要”。

只要通过努力，谁都可以拥有干净整洁的外表以及正确的礼仪。通过用心装扮的第一印象，大多数的人都会认真地听你讲话。

名人名言

有些时候，服装就是你的代名词。
[金斯利・沃德] 加拿大企业家，1932—2014

也许在某一天，你会遇到命中注定的人。
为了那份缘分，从现在开始打扮自己吧！
[可可・香奈儿] 法国时装设计师，1883—1971

身上的衣服、嘴唇边浮现的微笑和语言，足以能代表一个人。
[《旧约・圣经》]

学会如何受宠

Don’t be bashful about being overly sweet.

55

学会如何受宠

[直木三十五] 日本小说家，1891—1934

日本文学界的“直木奖”是为了纪念直木三十五而设立的。直木在年轻的时候没有办法单纯依靠写作来维持生计，生活过得穷困潦倒。那个时候，他债台高筑，经常会有债主上门来催债。一日，3 个债主又来催债，这次直木并没有找借口请求拖延期限，而是选择了沉默。就这样过了许久，直木终于开口了：“饿死我了，能不能再借我点钱，咱们一起吃饭吧。”债主中的两人听到这话怒骂着离开了，而剩下的一个人却笑着说“真拿你没办法”，然后给直木买了一碗乌冬面。

当然，不一味地寻求他人帮助，自立自强固然重要。但是，学会如何受宠有时候也是可以帮助自己渡过难关的。

名人名言

没有丑女人，只有懒女人。

[拉布吕耶尔] 法国思想家，1645—1696

不管你有多大的能耐，都不能丢了爱娇。

[松下幸之助] 日本松下电器创始人，1894—1989

人们总是会关心那些愿意关心自己的人。

[帕布留斯・西鲁斯] 古罗马诗人，公元前 85—前 43

被轻视也不是件坏事

Okay to be picked on once in a while.

56 被轻视也不是件坏事

[前田利常] 日本江户时代武将，1594—1658

1605 年，前田利常从哥哥利长那里继任了家督，当上了加贺藩当主，可是他却有一个很奇怪的特征，那就是从不认真地修剪鼻毛。无论何时，他的鼻毛总是探出鼻孔之外，因此遭到周围人的嘲笑。这也让利常的家臣们感到羞愧。但其实利常对此有着自己的想法。在那个时代，德川幕府与外样大名的关系还十分紧张，为了防止幕府怀疑自己会谋反，他便故意装傻让幕府对自己放松警惕。在利常执政下，城下町的金泽得到迅速的发展，能登的盐产量也是不断提高，这些成就使他得以名垂青史。

放弃自己高贵的骄傲和自尊，不惧怕被人当作傻瓜的这种勇气也是十分重要的。

名人名言

人前傻、人后精，是成功之道。

[查理・孟德斯鸠] 法国哲学家，1689—1755

卑而骄之。

[孙子] 中国春秋时期军事家，约公元前 5 世纪

被人从后踢一脚，可以让你往前迈一大步。

[比利・葛拉罕] 美国牧师，1918—

即便是遭到无视，
也要努力地沟通

Keep talking even when ignored.

57 即便是遭到无视，也要努力地沟通

[安妮·莎莉文] 美国教育家，1866—1936

安妮·莎莉文作为一名家庭教师，曾辅导过一名 7 岁的少女。这个小女孩异常地任性固执，连家人都拿她没有办法。而且因为这个小女孩失聪失明，不会说话，导致了她与别人交流的时候十分困难。安妮曾经几度因无法与她交流而备受打击，可是安妮并没有放弃。无论遇到怎样的反抗、拒绝以及胡闹，她都真心真意地试着去接触小女孩。结果，这个小女孩——海伦·凯勒在日后成为了一位十分了不起的女性，并且经常会说："是莎莉文老师让我看到了光明。"

面对怎样无法沟通的人，只要我们能够充满诚意地坚持，终将会在两人之间建立起某种关系。

名人名言

再怎么铁石心肠的人，也会被如火一般的关怀所打动。

[玛克斯·奥勒留] 古罗马皇帝，121—180

再坚固的友情，也是从怀疑与抵抗交成的。

[阿兰] 法国哲学家，1868—1951

人总是会把一知半解的对方视为愚昧之人。

[卡尔·荣格] 瑞士精神科医师，1875—1961

不要对命运的红绳抱有期待

Don’t depend on the red string of fate.

Note: According to Japanese myth, the red string of fate connects two soulmates destined to be together.

58 不要对命运的红绳抱有期待

[盛田昭夫] 索尼公司创始人 1921—1999

索尼的创始人盛田昭夫一直在思考着将索尼变成一个世界级的大企业。为了实现这个目标，当务之急便是进军美国市场，同时也必须为此在美国上流社会创造必要的人脉。盛田并没有被动等待，而是主动出击。为了结识美国上流社会的人，他移居美国，每天都在家里举办派对并且邀请一些认识的人。就这样被邀请的人不断地增加，最终有一流记者，知名富商和政界人士纷纷前来参加派对。与此同时，盛田还时常去百老汇看歌剧，磨炼英语水平，让自己熟练掌握美国的流行语和笑话。就这样盛田在美国有了自己庞大的人际关系网，最终将索尼带向了成功的顶峰。

我们不应该过度期待那命运的红绳，而应该自己去创造自己的命运和未来。

名人名言

幸与不幸掌控在我们的手里，亦将其称为“命运”。

[本杰明·迪斯雷利] 英国政治家，1804—1881

人类，即是能够主宰自身命运的生物。

[卡尔·马克思] 德国思想家、经济学家，1818—1883

我要扼住命运的咽喉，绝不向命运低头。

[贝多芬] 德国作曲家，1770—1827

能够结婚的两个人必定
注视着同一个方向

Marriage is mostly about looking in the same general direction.

59 能够结婚的两个人必定注视着同一个方向

[安娜 · 陀思妥耶夫斯基卡娅] 陀思妥耶夫斯基的妻子、速记员，1846—1918

俄国小说家陀思妥耶夫斯基曾经一度迷上了赌博，曾经因为沉溺俄罗斯大转盘而挥霍掉了所有财产，所以为了维持生计他写出了《赌徒》这部作品。而担任这部口述作品记录者的人，正是后来成为他妻子的安娜。

陀思妥耶夫斯基只要是在工作上遇到瓶颈就经常会去赌博，而安娜知道他的这一性格却只保持沉默，甚至还答应了陀思妥耶夫斯基的要求将全部家当拿去当铺抵押换来金币来让他玩个够。同时安娜独自一人同出版社商谈，一个人完成了与出版社之间繁杂的契约，以方便自己的丈夫专注写作。看到这般努力的妻子，陀思妥耶夫斯基终于感动，从此改掉了赌博这个恶习。

即便是不能够完全理解对方，但是只要两个人都注视着同一方向，必定为了对方作出调节让步并最终走向幸福。

名人名言

两个人性格相似会志同道合；性格相异会两情相悦。

[保罗 · 杰拉蒂] 法国诗人，1885—1983

婚前睁大双眼，婚后睁一只眼闭一只眼。

[托马斯 · 富勒] 英国神学家，1608—1661

男与女——如此迥乎不同、错综复杂的两类人，
即便相爱一生都不算久。

[奥古斯特 · 孔德] 法国社会学家，1798—1857

和所有人建立良好的人际关系

A good relationship can be developed with anyone.

60 和所有人建立良好的人际关系

[税所敦子] 日本明治时代歌者，1825—1900

税所敦子是当时日本昭宪皇太后的女官，同时也是宫内省派的代表歌人之一。在她 28 岁的时候经历的丧父之痛，为了照顾婆婆移居鹿儿岛。这个被周围人称作鬼婆的婆婆，让敦子当时的生活过得十分艰辛。一日，她这样挖苦敦子道："把我这个鬼婆的坏心用歌吟唱出来。"于是敦子便这样唱道："看不到她那佛祖般的善良心肠，人们都称她做鬼婆。"鬼婆听了这首歌词竟然感动得哭了出来。

无论怎样坏心肠的人，我们都要努力试着去对他敞开心扉，终有一天对方会看到我们的真心的。

名人名言

与他人产生分歧时，与其急着露出你的敌意，不如用你的表情、行动、语言来表达友谊。

[威廉・奥威尔・道格拉斯] 美国政治家，1898—1980

尽管在当下克服不了种种差别，至少也要努力让这个世界对多样性更多一份包容。

[约翰・肯尼迪] 美国第 35 任总统，1917—1963

十人中，有九人会随着你对他们的深入了解更加产生好感。

[佛兰克・史温纳吞] 英国作家，1884—1982

Hope

希望

道别，是另一种新的开始

Separation leads to a new beginning.

61 道别，是另一种新的开始

[尼古拉·特斯拉] 塞尔维亚裔电气工程师、发明家，1856—1943

出生于克罗地亚的发明家尼古拉·特斯拉，是将交流电用于电力事业的第一人。在学生时代就发现了交流电原理的特斯拉只身前往美国，在自己的偶像发明大王爱迪生的公司就职。但是爱迪生的公司是以直流电为主开展事业的公司，特斯拉对于交流电的一些想法在这里没有办法得到采纳与重视。而且爱迪生有着强烈的自信认为相对于交流电，直流电有着更大的优势。因为如此，仅仅一年之后特斯拉便离开爱迪生的公司，在那之后成立了自己的公司发展了交流电事业。

即便同样伟大的人物，他们的目标和思考的方法总会有所不同。即便最终分道扬镳，也要坚信这个结束只是另一种开始，要满怀信心地继续前行。

名人名言

改变是痛苦的。当然，这在商业界也是无可避免的。无论有多不舍，唯有告别过去是你力所能及的事情。

[杰克·韦尔奇] 美国企业家，1935—

为了对某件事情做出正确的判断，在爱过之后暂时与之告别，也是有必要的。

[安德烈·纪德] 法国小说家，1869—1951

结果也好，开始也罢，都只不过是自己幻想里的东西。

[费德里科·费里尼] 意大利电影导演，1920—1993

春天，一定会来的

Spring always comes after winter.

62

春天，一定会来的

[哈里森 · 福特] 美国电影演员，1942—

哈里森 · 福特在他 21 岁那年怀揣着明星梦来到了好莱坞。但是他拿到的都是一些微不足道的跑龙套角色，没有收到过一次可以饰演主角的剧本。与此同时，生活变得越来越艰辛，他不得不去工地做工人赚取生活费以维持生计，但他始终没有放弃自己当初的梦想。就这样，随着时间的流逝，他作为一个工人的专业技术不断提升，参与建筑的工程也不断得到好评，甚至是住在比弗利山庄的电影界人士也会特地前来请他参与工程。在他 35 岁那一年，他因为出演了电影《星球大战》一举成为了好莱坞炙手可热的明星，而《星球大战》的导演乔治 · 卢卡斯与福特，正是因为在以前工程的关系而结识的。

只要是坚持付出努力，不轻言放弃，最终必定会得到回报。

名人名言

如果没有冬季，春季也将会显得平庸无奇。
我们若是不曾遭遇逆境之苦，又怎能对幸福的降临感到欢喜。
[夏洛蒂 · 勃朗特] 英国小说家，1816—1855

一切都会好的。只要我们能发展意志力，当你突破困境的那一刻，
就会发现我们不再需要武装力量了。
[莫罕达斯 · 甘地] 印度民族领袖，1869—1948

命运早已为你铺好了更好的路。所以今日的失败，
意味着明天的成功。
[塞万提斯 · 萨维德拉] 西班牙文学家，1547—1616

灵感只会眷顾那些
不断思考的人

Inspiration comes through deep reflection.

63 灵感只会眷顾那些不断思考的人

[莱昂纳多·达·芬奇] 意大利艺术家，1452—1519

莱昂纳多·达·芬奇在创作《最后的晚餐》这幅作品之时，怎么也画不出背叛了耶稣的犹大的脸，导致他迟迟交不出最后的成品。而与此同时，圣玛利亚修道院的院长也在不断催促他："尽快交稿！"这时他突然明白了："门徒们的脸和性格都是通过我的猜测画出来的，而我画不出犹大的脸是因为我身边没有像他那样的人啊。"随后，达·芬奇明白了自己应该以身边的谁为范本来刻画犹大的那张脸。这个被达·芬奇作为范本的人正是他眼前的圣玛利亚修道院院长。就这样，达·芬奇以院长为范本画出了犹大的脸部，从而完成了整幅作品《最后的晚餐》。

在工作中即使遇到瓶颈也不应该放弃，只要我们不断地思考发掘，灵感就会在某个不经意的时刻主动前来拜访。

名人名言

灵感不会光顾一颗空虚的心灵，只有付出了心血、付出了努力的人才会获得这珍贵的赏赐。

[阿尔伯特·爱因斯坦] 德国物理学家，1879—1955

所有的发明都来自于艰难困苦之中的智慧，只有经历了一番苦难的人，才有资格获得灵感这项特别的优待。

[本田宗一郎] 日本本田汽车公司创始人，1906—1991

"发现"是与时刻准备好的心灵之间的偶然相遇。

[圣捷尔吉·阿尔伯特] 匈牙利生理学家，1893—1986

口干舌燥之际，才是能真
正尝出水的甘甜之时

Tastes all the better when thirsty.

64 口干舌燥之际，才是能真正尝出水的甘甜之时

[安藤百福] 日本日清食品公司创始人，1910—2007

日清食品的创始人安藤百福，曾经被驻日盟军总司令以莫须有的罪名非法拘禁。通过在黑暗牢房里那段挨饿的经历，他顿悟："如果这世上没有了'食物'，其他一切根本无从谈起。"在安藤46岁时，他作为理事长经营的信用合作社破产，导致自己一夜之间变得身无分文。而就在此时，他想起了牢房里那段挨饿的经历从而开始研究营养食品，开始了新的事业。安藤在自家的院子里建造了一栋小房子，在里边进行无数次研究实验，最终发明了方便碗面。2011年，安藤开发的世界第一款方便碗面"合味道"已经在全球80多个国家销售并且销售总数累计突破了310亿碗。

正是因为经历过艰苦的环境，人类才会开始思考要作出改变。而正是在那艰苦时期得到的领悟，对日后的成功起到至关重要的影响。

名人名言

凡不是就着泪水吃过面包的人，
是无法品尝人生真正的滋味。
[约翰·冯·歌德]德国剧作家，1749—1832

梦想来自于不满足，安于现状的人是不会有梦想的。
人类不管在何地都是可以突生梦想的，垃圾堆、医院，甚至是牢房里。
[亨利·德蒙泰朗]法国作家，1895—1972

苦难是人生的老师，通过苦难，走向欢乐。
[贝多芬]德国作曲家，1770—1827

向着那光明耀眼的
世界出发！

Go to a brighter place.

65 向着那光明耀眼的世界出发！

[福泽谕吉] 日本庆应义塾大学创立者，1835—1901

福泽谕吉从小开始便是那种将想法立刻付诸行动的人。有一次他曾在自家的庭院里调制氨水，却因为冲天的臭气引发了骚动。还有一次，他为了验证自己所学的荷兰语是否可以和外国人交流而去了横滨，然而在那里，他发现了当今世界的主流语言并不是荷兰语而是英语。从横滨回来的他立刻开始学习英语，并且乘着“咸临丸”号渡轮去到了美国。经历了西方文化的熏陶之后，福泽谕吉回到日本并创立了“庆应义塾大学”，将自己在海外所学到的东西毫无保留地教授给日本的年轻人，培养出了很多优秀的人才。

向着那对自己充满吸引力的世界出发吧，那才是让自己不断成长的最好方法。

名人名言

这世界远比你想象的更加充满魅力。

[吉尔伯特・切斯特顿] 英国作家，1874—1936

如果不从已知的世界向未知的世界去探索，人类不会得到任何知识。

[克洛德・贝尔纳] 法国生理学家，1813—1878

“未来”有许多名字。对于弱者而言，它叫作“不可能”；对于胆小者而言，它叫作“不知道”；然而对于勇者和哲人来说，它叫作“理想”。

[维克多・雨果] 法国诗人、小说家，1802—1885

人生可以有很多次的
“从头再来”

You can always start over in life.

66 人生可以有很多次的“从头再来”

[亨利 · 福特] 美国福特汽车创始人，1863—1947

汽车大王亨利 · 福特，早在作为一个工程师工作的时候就想着有朝一日要有自己的事业，卖自己设计的汽车。但是，他建立的第一家公司仅仅在生产了 21 台汽车之后就破产了。在那之后福特和投资者合作开设了第二家公司，却又因为与投资者的意见不合而被赶出公司。即便是这样他也没有放弃，第三次成立了公司——福特汽车公司。在那里他开发设计的福特 T 型车，在全球售出了超过 1500 万台，成为了当时最受瞩目的热销产品之一。亨利 · 福特从最初创业到最后的成功，一共经历了五次身无分文的艰苦。

福特曾经这样说过：“害怕将来的人，也将会因为害怕失败而限制自己的行动，但是失败却恰恰是让我们不断成长的唯一途径。”人生往往会经历无数困难，但是只要我们还活着，我们就有很多机会可以“从头再来”。

名人名言

即便是跌倒了 99 次，只要在第 100 次依旧能站起来就好。

[文森特 · 威廉 · 梵高] 荷兰画家，1853—1890

不管你有多么不幸，最大的不幸其实是向绝望低头。

[亨利 · 法布尔] 法国昆虫学家，1823—1915

乐观主义者能看到整块甜甜圈，而悲观主义者看到的却只是甜甜圈中间的洞。

[奥斯卡 · 王尔德] 爱尔兰作家，1854—1900

只要有个可以睡觉的
地方就够了

You'll be alright if you have a place to sleep.

67 只要有个可以睡觉的地方就够了

[华特・迪士尼] 迪士尼创始人，1901—1966

现在被世人所熟知的演艺娱乐事业的代表——迪士尼公司，它的发展其实并不是一帆风顺的。在 1941 年，迪士尼工作室发生了大规模的罢工事件，工作室也因此而被迫停止运营。就在那时，华特对全公司的员工们这样说道：“在这 20 年里，我曾两度倾家荡产。第一次是在来到好莱坞之前的 1923 年，当时的我身无分文，3 天没有吃任何东西，而且只能用一张破毯子包裹身体睡在脏兮兮的工作室里。第二次是在 1928 年，我和我的哥哥罗伊为了公司的发展把所有家当都抵押了出去，虽然并不是什么很大的金额，可是对于当时的我们来说这已经是全部了。”华特真情实意地去和员工们交流，最终成功地解决了这次罢工事件。

在成就事业的道路上，我们必定会遇到一些艰苦的经历。但是，只要我们有“梦想”和“一个可以睡觉的地方”，最终必定会战胜这些困难。

名人名言

知足者富。

[老子] 中国古代哲学家，约公元前 6 世纪

视不自由为常事，则不觉不足。

[德川家康] 日本武将，战国大名，1543—1616

生活要简单，思想要高尚。

[拉尔夫・沃尔德・爱默生] 美国思想家，1803—1882

享受人生吧！
就从现在起！

The joy of life begins now.

68	享受人生吧！就从现在起！

[雷·克洛克] 麦当劳之父，1902—1984

雷·克洛克从麦当劳兄弟手中买下麦当劳的经营权并正式开展麦当劳事业的时候，他已经 52 岁了。在这之前，他的工作是一名奶昔搅拌机的推销员，因为过度繁忙的推销工作，当时的他不但患有糖尿病和关节炎，还摘除了整个胆囊和大约半个甲状腺。但是他仍然怀揣希望，忍着病痛的折磨在全美各个分店之间辗转巡回，对于店铺经营的各项细节严格要求，没有半点马虎，才将麦当劳做成了现在的世界著名企业。这样的他为我们留下了这样一段话："只要认定自己还很年轻，不管到了什么年龄我们都不会失去那份活力，并且能够持续不断地成长。只要能够保持这种心态，我们就不会被人生的各种困难击倒。"

在人生的道路上，只要你充满希望，不断追求，终究会在某个瞬间找到那条通向成功之路。

名人名言

人无论何时立志都不晚。

[斯坦利·鲍德温] 英国政治家，1867—1947

如果有人问我为何还不退休，我会这样回答他："相对于安逸地坐在那里等着生锈，我更喜欢拼尽一生去做事。"

[哈兰·山德士] 肯德基创始人，1890—1980

我们需要花上毕生的时间去学习如何活着。

[塞内加] 古罗马哲学家，公元前 1—公元 65

参考文献 * 非正文出现顺序

《玛丽莲·梦露的生涯》弗莱德·劳伦斯·盖尔斯著 中田耕治译 集英社

《亨利·福特的轨迹》亨利·福特著 丰土荣译 创英社

《GOOGLE 大未来：工程师与企业家的战争，将把世界带向何方》肯·奥莱塔著 土方奈美译 文艺春秋

《游记作家马克·吐温：不为人知的旅程与随意的每日》饭塚英一著 彩流社

《漫漫自由路》纳尔逊·曼德拉著 东江一纪译 日本放送出版协会

《契诃夫》Virgil Tanase 著 谷口 KIMIKO、清水珠代译 祥传社

《博物学的巨人 亨利·法布尔》奥本大三郎著 集英社

《如何教导海伦·凯勒：莎莉文老师的记录》安妮·莎莉文著 槙恭子译 明治图书出版

《超前十步的洞见力》艾瑞克·卡洛尼斯著 花塚惠译 集英社

《造物魂：忘此初衷，企业将衰灭》井深大、柳下要司郎编 sunmark 出版

《日本禁酒运动的八十年》小盐完次著 日本禁酒同盟

《Training a Tiger：泰格·伍兹父子的高尔夫 & 教育革命》厄尔·伍兹著 大前研一监译 小学馆

《史蒂夫·乔布斯传》华特·伊萨克森著 井口耕二译 讲谈社

《烈女传：成为传说的女性们》牧角悦子著 明治书院

《amazon.com 的秘密》理查·布兰特著 井口耕二译 日经 BP 社

《[能够一起工作真是太好了] 建立开心工作团队的 52 种方法》艾德里安·高斯蒂克、彻斯特·埃尔顿著 匝差玲子译 日本经济新闻出版社

《四十岁开始成功的男人们》佐藤光浩 Alpha Polis

《我要成为比尔·盖茨！》斯科特·迪加莫监修 理查德·H. 森田监译 Frontier 出版

《打不倒的勇者》约翰·卡林著 八坂 ARISA 译 日本放送出版协会

《费马大定理》赛门·辛著 青木薰译 新潮社

《写给大人的伟人传》木原武一著 新潮社

《让心茁壮成长的最初的传记 101 人》讲谈社

《传记人物事典 世界篇》西山敏夫编 保育社

《从故事看科学》山田大隆著 讲谈社

《看了就想实践的 [名言·逸话] 大集成》铃木健二、筱泽秀夫监修 讲谈社

《看了就想实践的一日一话活用事典》讲谈社

《世界人物逸话大事典》朝仓治彦、三浦一郎编 角川书店

《周刊现代》2011.11.5

《周刊新潮》2012.10.4

《月刊 BOSS》2008.7

《日经 ENTERTAINMENT》2003.9.20

《世界名言 · 格言辞典》莫里斯 · 马尔编 岛津智译 东京堂出版

《世界名言大辞典》梶山健编著 明治书院

《世界名言全书 第一卷 幸福与希望与人生》河盛好藏编 东京创元社

《世界名言全书 第二卷 友情与恋爱与结婚》河盛好藏编 东京创元社

《世界名言全书 第五卷 成功与职业与生活》河盛好藏编 东京创元社

《名言名句让你更强大: 丰富你的商业会话》世界文化社

《爱藏版 座右铭》[座右铭] 研究会编 Metropolitan Press

《名文句 · 关键句》伊福部隆彦编 潮文社

《领导者》韦斯 · 罗伯茨著 和田秀树监修 渡会圭子译 详传社

《黄金话语: 为思索中的心》龟井胜一郎著 大和书房

《音乐家的名言》山乃武编著 YAMAHA MUSIC MEDIA

《关于人生的 439 句名言》神边四郎编著 双叶社

《发现人生的指针 座右铭 1300》宝岛社

《爱迪生的话: 寻找灵感的方法》滨田和幸著 大和书房

《卡内基每日一智》桃乐丝 · 卡内基编 神岛康译 创元社

《希腊 · 罗马名言集》柳沼重刚编 岩波书店

参考网站

名言导览 http://www.meigennavi.net/

名言 DB http://systemincome.com/

网络石碑名言集 http://sekihi.net/

想作为座右铭的名言集 http://za-yu.com/

图片提供

123RF 2、3、7、8、13、14、17、20、21、26、27、28、30、38、40、41、42、47、54、58、60、65、66
gettyimages 4、11、15、18、19、22、24、29、31、33、34、36、37、43、46、53、55、59、64
amanaimages 1、6、9、16、40、45、52、61、67
iStockphoto 5、12、23、32、44、48、49、51
shutterstock 10、25、35、39、56、68
Aflo 57
Corbis/amanaimages 50
PIXTA 63
Fotolia 62

版权登记号：01-2015-4888
图书在版编目（CIP）数据

人生总会有办法 /（日）水野敬也，（日）长沼直树著；小大头译．—北京：现代出版社，2016.1
ISBN 978-7-5143-3402-9

Ⅰ．①人…　Ⅱ．①水…　②长…　③小…　Ⅲ．①成功心理－通俗读物
Ⅳ．①B848.4-49

中国版本图书馆 CIP 数据核字（2015）第 252144 号

人生总会有办法 Life Works Itself Out

作　　者　水野敬也　长沼直树
译　　者　小大头
责任编辑　赵海燕
原书设计　寄藤文平　北谷彩夏
出版发行　现代出版社
通讯地址　北京市安定门外安华里 504 号
邮政编码　100011
电　　话　010-64267325　64245264（传真）
网　　址　www.1980xd.com
电子邮箱　xiandai@vip.sina.com
印　　刷　北京瑞禾彩色印刷有限公司
开　　本　880mm×1230mm　1/32
印　　张　5
版　　次　2016 年 1 月第 1 版　2017 年 12 月第 5 次印刷
书　　号　ISBN 978-7-5143-3402-9
定　　价　42.00 元